LA

GÉOLOGIE BIBLIQUE.

PÉRIGUEUX. — IMPRIMERIE DUPONT ET Cᵉ.

LA
GÉOLOGIE

EXPLIQUÉE PAR LE DÉLUGE

En conséquence de réflexions sur LES ÉLÉMENTS DE GÉOLOGIE, de
M. Jannettaz (Edition publiée par Ad. Rion. Collection des bons livres)

SUITE A L'OPUSCULE INTITULÉ :

LE DÉLUGE & LES SIX JOURS

PAR

Pierre LACHÈZE, de Paris.

> « Ces éruptions, ces retraites répé-
> tées n'ont point été lentes, ne se sont
> point faites par degrés ; au contraire,
> la plupart des catastrophes qui les ont
> amenées ont été subites ; et cela est
> surtout facile à prouver pour la dernière
> de ces-catastrophes. » (Cuvier, *Révolu-
> tions du Globe*, p. 16.) (*Système du
> Monde d'après Moïse*, p. 133 et suiv.)

PARIS

LIBRAIRIE DE A. NORMAND, 11, RUE DES SAINTS-PÈRES.

—

1876.

AVANT-PROPOS.

Une objection spécieuse a été faite à notre premier travail : « Vous ne parlez pas, nous a-t-on dit, des opérations chimiques, qui jouent cependant un si grand rôle dans l'immense laboratoire que la nature a construit. »

Réponse. — D'abord, les roches ignées ou volcaniques, où sont principalement les opérations chimiques en question, viennent rompre tous les sédiments de terrains quelconques ; la chimie n'est donc pas un secours pour la distinction des roches. Ensuite, ces opérations chimiques, étant le résultat du choc des continents, qui, à l'abordage, selon l'opinion d'Ampère et de Victor de Bonald, a développé l'action des molécules hétérogènes en présence, et suscité le feu des volcans actuellement éteints, n'ont servi, de l'aveu même des géologues, qu'à déranger l'ordre de la stratification des couches.

Nous avons compris néanmoins ce que pouvait avoir de force l'objection sur des esprits qui suivent le cours des opinions, et, comme notre premier essai avait directement pour but de montrer l'impossibilité d'accorder les énonciations de la Bible avec celles de la science moderne, et indirectement le système des époques, nous avons cru nécessaire de prendre un résumé complet de la géologie, afin de la combattre cette fois directement et pour ainsi dire pièce à pièce.

C'eût été un travail inutile à notre portée que d'embrasser toutes les discussions que fait conséquemment naître parmi les géologues le chaos du déluge ; car la confusion inévitable qui règne dans les terrains devait en amener dans les idées. Nous avons préféré nous servir d'un petit livre, qui peut être avoué par la science sur les principes qu'elle établit, et l'exposé rapide de ses preuves a facilité notre travail de discussion.

Puisse ce nouvel essai suggérer quelques doutes dans les esprits les plus avancés et les plus prévenus en faveur du système de géologie, nous croyons faire acte de bon citoyen en proposant les nôtres.

RÉFLEXIONS

SUR

« LA GÉOLOGIE, LE GLOBE TERRESTRE,

SON HISTOIRE & SES RÉVOLUTIONS

Par M. Jannettaz. »

---

§ 1. — Définition.

P. 3. — « Les géologues pensent que la terre se trouvait à l'état liquide ; en se solidifiant, elle prit une forme sensiblement sphéroïdale. »

Nous en sommes à la définition, par conséquent à la base de la géologie. Or, la géologie se fonde sur une erreur la plus évidente de l'astronomie, en établissant son système des bassins et des sédiments sur cette erreur capitale que la terre s'est aplatie aux pôles et renflée à l'équateur, lorsqu'elle était encore à l'état voisin de la liquéfaction. Comment dire que la terre est aplatie sur les pôles, si les arcs de cercle y sont démontrés plus grands par Clairault et Maupertuis dans la Laponie Suédoise ? et comment dire que la terre est renflée à l'équateur, si les arcs de cercle y sont démontrés plus petits par Lacondamine ? La conclusion contraire de Cassini sur ces observations est rréformable. (*Système du monde d'après Moïse*, p. 359-364.)

But de la géologie.

« Remettre par la pensée la terre dans l'état où elle devait être aux différentes phases de son développement. »

Or, « LES PHÉNOMÈNES GÉOLOGIQUES ACTUELS » ne peuvent ÊTRE APPLIQUÉS A L'ÉTUDE DES PHÉNOMÈNES ANCIENS » (Table); parce que les phénomènes actuels sont lents à obtenir leurs résultats, tandis que « le déluge universel a subitement obtenu les siens. » (Cuvier.)

§ 2. — La Terre.

P. 4. — « Elle semble tourner autour d'un axe fictif, dont les extrémités prolongées dans l'espace y vont déterminer à l'infini les pôles de l'univers. (1) »

D'après Galilée, mais non d'après Copernic, les pôles du

(1) On change de batteries, on dit :

« Si l'on considère dans une ellipse une portion très-petite de courbe, et que l'on cherche le rayon qui l'a engendrée, on l'obtient en élevant une normale à cette infinie portion de courbe ; si l'on en fait autant pour la portion avoisinante, le nouveau rayon sera plus long (démontré dans le cours de spéciales) et toujours plus long en se rapprochant du petit axe de l'ellipse. Donc, comme les arcs sont proportionnels à leurs rayons, les arcs devront être plus grands aux extrémités du petit axe qu'à celles du grand axe. Or, c'est ce que Clairault, Maupertuis et Lacondamine ont constaté pour la terre ; donc la terre est une ellipsoïde de révolution. »

Réponse. — On ne doit pas faire ici l'application des principes de géométrie, évidents d'ailleurs, aux moyens desquels on cherche à prouver que les arcs d'une ellipse sont d'autant plus grands que la courbure de l'ellipse est moins prononcée. (*Système du monde d'après Moïse*, p. 363). Il est évident que le cercle de l'ellipse s'élargissant à mesure que l'aplatissement a lieu, plus grand doit être le rayon de chaque portion prise à part de la courbure. Mais puisque, pour mesurer les arcs, les astronomes placés à la surface de la terre, raisonnent sur leurs observations, comme s'ils étaient au centre, à cause de la petitesse relative du globe terrestre, il faut, pour calculer la grandeur des arcs, partir du centre à la courbure de l'ellipse, c'est-à-dire du point d'intersection du grand au petit axe de l'ellipse. Or l'on ne peut, pour mesurer les astres, faire partir de la courbure de l'ellipse des normales qui, d'après la figure (*Cours élémentaire d'astronomie*, par M. Delaunay, p. 189), s'arrêtent pour les plus petits arcs sur le monde ne correspondent pas aux pôles de la terre, laquelle d'ailleurs ne peut tourner sur ses pôles, puisque, loin d'y être aplatie, elle y est renflée, les arcs de cercle aux pôles étant démontrés plus grands, et les arcs de cercle à l'équateur étant démontrés plus petits.

« La densité des couches augmente de la surface au centre » (La Place), et y produit nécessairement la chaleur et le feu, ce qui est prouvé par l'élévation du thermomètre à mesure que l'on descend dans les profondeurs de la terre. Comment alors supposer gratuitement que le globe terrestre se soit refroidi? Nous avons trouvé le réfrigérant. (Hic, p. 17, 44 et 52.)

grand axe en deçà du centre de l'ellipse, et pour les plus grands arcs sur le petit axe au-delà du centre de l'ellipse; ce qui est arbitraire et en dehors de la question. La terre est plus longue que large. (*Moïse cité par Cosmas.*)

Toute la courbure d'une ellipse dans le sens du petit axe est sous-tendue par une corde, le grand axe est cette corde, laquelle (pour parler le langage du système actuel) n'est autre que l'équateur; c'est le chemin le plus court d'un point du renflement à l'autre point du renflement. Or la courbure aplatie de l'ellipse doit d'autant plus se rapprocher de la ligne droite, de la corde qui la sous-tend, c'est-à-dire doit être d'autant plus courte que l'aplatissement est plus prononcé. Et par conséquent, plus la courbure est courte, plus les arcs sont petits, et d'autant plus petits que l'aplatissement est plus prononcé. Donc le principe des normales ne peut être appliqué à l'ellipse pour dire que les arcs sont proportionnels à leurs rayons, puisque ces normales sont établies arbitrairement, soit en dedans, soit en dehors du centre de l'ellipse, du point d'intersection du grand au petit axe de l'ellipse.

De même sont faux les calculs basés sur la figure 61 de l'*Uranographie* de M. Francœur (p. 409); et cette figure rend encore plus sensible l'erreur par la comparaison qu'il fait de la normale au rayon de l'ellipse. En effet, la normale, qui sert de rayon pour tracer le cercle osculateur, plus grand même que le cercle circonscrit à l'ellipse, est DE TOUS POINTS en dehors de la question, puisque l'observateur mesure les arcs, non de la courbure, mais par les angles, « comme s'il était au centre de la terre » (20).

C'est donc une erreur de regarder la terre comme étant aplatie aux pôles, parce que, d'après l'observation, les arcs y ont été trouvés plus grands qu'à l'équateur. C'est tout l'opposé que l'on doit conclure. La terre, aux deux pôles, a la forme d'un œuf, et c'est ce qui fait les solstices d'été et d'hiver, parce que, l'orbite du soleil, plongeant dans ce renflement aux pôles, le soleil semble s'y arrêter, *solstat, solstice.*

§ 3. — La Mer.

P. 4. — « Le fond de la mer ne peut être exempt de ces aspérités qui hérissent la surface du sol voisin. »

— Et comment se fait-il que les sondages dans l'Océan Atlantique, au moyen desquels on prétend y trouver un fond, au lieu de montrer des montagnes, prouvent l'existence de plaines de craie d'une immense étendue, quoiqu'elles soient à différentes profondeurs ? (Hic, 19-26.)

§ 4. — Les courants marins.

P. 5. — Tous les courants se porteraient du nord au sud sans la rencontre des terres qui les divisent, voire même le Gulf-Stréam. Et, depuis cette observation de direction vers le nord, qui semble suivre celle de la boussole, la mer ne passe pas toute vers le nord pour y produire d'épouvantables cyclones ? Cela s'explique, si à l'intérieur d'autres courants ramènent continuellement les eaux vers le sud ; ils passent en dessous des continents placés au-dessus des mers, et d'où les fleuves remontent vers leurs sources. Qui nous a dit que le Gulf-Stréam, partant des Canaries, n'était pas la continuation du courant indien, et que son cours ne se pratiquait pas en dessous des terres une voie pour revenir à l'origine sud de ce même courant indien ?

Ces courants sont le contre-coup de la marche de la lune, dont l'orbite, s'inclinant tous les mois, comme celle du soleil tous les ans, attire les eaux de la mer à la surface vers le nord, parce que c'est vers le nord que se trouve la plus grande partie des continents. La direction de la boussole vers le nord n'a point d'autre cause, non plus que l'électricité positive. (*Causes de la capillarité et de l'électricité*, p. 13, 14), que cette agglomération des continents vers le nord, par suite du déluge qui les avait scindés. C'est pourquoi encore les continents dilacérés se terminent au sud par des presqu'îles ; elles sont la queue des continents qui tendaient à se rapprocher vers le nord, excepté les terres d'alluvion de l'Amérique, qui, néanmoins, marque cette tendance générale par sa queue à la Terre de feu.

§ 5. — Les Montagnes.

P. 6. — Oui, c'est dans la direction de l'équateur qu'on trouve établie la charpente de la terre, ce qui prouve que le continent unique autrefois, étant séparé en fragments considérables, ces continents partiels ont cherché, à cause de leur affinité, à se réunir vers le nord où se trouvaient les plus grands fragments (voir § 4). Mais l'endroit où la séparation s'est faite par la chute des eaux supérieures avec leurs montagnes de glace du haut du firmament entre l'Amérique méridionale et septentrionale à l'est, et l'Europe et l'Afrique à l'ouest, est reconnaissable *(Système du monde d'après Moïse,* p. 343). La direction des montagnes de la lune en Afrique et des autres montagnes de l'Europe et de l'Asie, a été généralement dans le sens de la latitude ; on observe même entre les deux Amériques cette tendance à se rapprocher à l'isthme de Panama. *(Système du monde d'après Moïse,* p. 350.)

§ 6. — Les fleuves et leurs sources.

P. 6. — « Les fleuves prennent plutôt leur origine dans les montagnes que dans les vallées. » Nous venons de dire tout à l'heure que les courants des mers passaient au-dessous des continents, il en est de même des fleuves : *Quoniam super maria fundavit orbem terrarum, et super flumina præparavit eum.* (Ps. 23). ***Les fleuves, en se jetant dans la mer, n'augmentent pas son volume, mais remontent à leurs sources*** (Ecclésiaste, 1, 7), par un jeu de pompe que suscite le soleil à travers les fissures des montagnes, en attirant les continents placés au-dessus des mers. (Hic, 16-17). De là, on conçoit ce que dit l'auteur, que les fleuves prennent plutôt leur origine dans les montagnes que dans les vallées, parce que l'attraction des continents par le soleil, fait qu'il a d'autant plus d'action sur les fleuves que leurs sources sont plus élevées sur les montagnes, comme étant plus à la portée de sa puissance attractive; il est moins éloigné de la terre que ne le supposent les faux calculs des parallaxes. (*Système du monde d'après Moïse*, p. 132-138.)

P. 8. — « La position des sources à toute distance de la mer, toute hauteur au-dessus de son niveau, dans tous les terrains, démontre qu'elles n'ont pas leur origine là où elles deviennent apparentes. »

Nous croyons le contraire; car elles viennent de la mer en dessous des continents, et non des pluies ni des glaciers, qui ne font qu'augmenter momentanément leur volume au-dessus de l'étiage des rivières

Nous le prouvons surtout en Afrique par les inondations périodiques du Nil. Comment ce grand fleuve, en dehors de quelques mois de pluies où il déborde, peut-il alimenter son cours dans une région où il n'y a ni brouillards, ni glaciers même sur les plus hautes montagnes? *(Système : la Capillarité*, p. 10.-11).

Quant à la nappe d'eau que rencontrent les puits artésiens, elle peut tout aussi bien provenir de dessous les continents que de la pluie. Nous avons une preuve manifeste de ce que nous avançons par la sécheresse qui règne actuellement sur la terre, malgré d'abondantes pluies. Le soleil diminué dans son disque par suite de l'émanation des planètes (on en est à la 162ᵉ planète, journal l'*Union* d'avril 1876), qui s'en sont échappées, n'a plus autant de force pour attirer par son jeu de pompe sur les continents les sources à la surface, et produire l'humidité du sol. (*Système : la Capillarité*, p. 8.)

Les fleuves et les rivières ont baissé leur étiage d'une manière lamentable : « *Tu dirupisti fontes et torrentes; Tu siccasti fluvios Ethan* (Ps. 72, 75.)

§ 7. — Les glaciers.

P. 6. Ce que nous venons d'exprimer ne contredit pas les remarques sur les glaciers ; car la raréfaction de l'air diminue sensiblement la chaleur des rayons du soleil, lesquels ne peuvent sur les pics élevés se fortifier du rayonnement du sol en plaine.

P. 7. — Les *moraines* placées dans les vallées à des hauteurs où ne descendent plus aujourd'hui les glaciers, sont les moraines du déluge (Hic. p. 21.)

§. 8. — Les phénomènes géologiques actuels et leur application aux phénomènes géologiques anciens.

« 1° Des phénomènes actuels dus à l'action de l'eau sur les roches. »

P. 9. — « Actuellement les eaux…. transportent des matières minérales, qu'elles soutiennent en dissolution par une action chimique, ou en suspension par une action mécanique ; ces matières dissoutes ou suspendues se précipitent ou se décomposent, et la quantité abandonnée en chaque point est extrêmement petite. »

— Pourquoi ne voulez-vous pas que ces effets, qui sont maintenant si longtemps à se produire, n'aient pas été très-peu de temps à se réaliser sous la pression et l'action d'un déluge universel et subit ? C'est l'opinion de Cuvier.

Page 10. — Si « les opérations chimiques et physiques n'attaquent que les couches superficielles du globe terrestre, » que pouvez-vous alors conclure à l'intérieur du globe ? c'est néanmoins le but de vos recherches.

« Les silicates, qui renferment de la chaux, de la magnésie, perdent leur base et même leur acide, en un mot finissent par se dissoudre pièce à pièce. »

C'est ce que nous disons pour prouver que le silex, sous ses formes multiples à cause des cassures que produisent la gelée, la pluie, ou même l'électricité, ne peut jamais être considéré comme le résultat du travail de l'homme. (Hic 20)

P. 13. — Mais quelle conclusion va-t-on tirer de toutes ces opérations chimiques et physiques ? « L'eau n'est qu'un véhicule, » dit-on, « le calorique peut modifier l'état des corps, mais il ne peut se transformer en aucun d'eux. » « Alors on n'est ni Neptunien ni Plutonien. (Hic. 16.-17). Que reste-t-il ? « L'expérience du thermomètre, qui s'élève généralement d'un degré par 25 mètres de profondeur, va nous démontrer la roche à la température de l'eau bouillante à environ 90 fois 25 mètres ; et qu'après 20 lieues la terre cesse d'être solide et est en fusion. » Et l'on conclut immédiatement par cet état de fusion l'aplatissement aux pôles et le renflement à l'équateur de la terre, quand elle n'était pas à l'état solide par son refroidissement ; refroidissement, par parenthèse, dont on n'assigne pas la cause.

Mais dans cet état de fusion avec la force centrifuge, que doivent laisser supposer 420 lieues à l'heure par le mouvement de rotation de la terre sur elle-même, et de 20,000 lieues à l'heure pour son mouvement de translation dans l'espace autour du soleil, l'écorce même solide de 20 lieues devrait immédiatement se briser. Outre l'impossibilité de concevoir pareille vitesse, il demeure clairement prouvé par Cassini que les calculs de Clairault et Maupertuis au nord et de Lacondamine à l'équateur, démontrent les arcs de cercle plus grands au nord, et plus petits à l'équateur, et tendent à conclure l'aplatissement à l'équateur, et le renflement aux pôles ; en sorte que le mouvement du sphéroïde terrestre n'a pu avoir eu lieu et ne peut avoir lieu dans le sens que l'on indique.

« 2° Des phénomènes actuels dus à la fluidité de l'intérieur du globe. »

P. 14. — Preuves de la flexibilité des roches. « A Alexandrie d'Egypte la mer a envahi et mis à découvert des portions de terrain, où se trouvaient les sarcophages que les Egyptiens préservaient du contact de l'eau avec du natron ; il est certain que ces terrains se sont affaissés, puisque les lois de la physique générale nous assurent que le niveau de la mer ne s'y est pas élevé. »

Réponse. — « Les lois de la physique générale vous assurent que le niveau de la mer ne s'y est pas élevé ! » Vous convenez cependant que saint Louis s'est embarqué pour la croisade à Aix, en France. Alors, en Provence, le sol se serait élevé, tandis qu'en Égypte il se serait affaissé. Pourquoi attribuer cette flexibilité à la terre? L'eau ne pourrait-elle pas produire le même effet ? Les ondulations, que l'on attribue aux volcans, peuvent provenir de l'influence des astres sur les mers, puisque le soleil resserre son orbite sur l'équateur, témoin le puits de Syeiès en Égypte (Hic., 30). Pourquoi ne changerait-il pas le niveau de la Méditerranée pour exercer vers le sud l'influence qu'il avait autrefois vers le nord?

P. 15. — Les volcans ne prouvent pas non plus l'état de fusion à l'intérieur de la terre. Il suffit qu'en certaines contrées il y ait des couches dont les molécules hétérogènes se fassent la guerre pour que, avec l'élévation ordinaire de la température, les feux souterrains s'enflamment. Mais en dessous on doit supposer le puissant réfrigérant de l'eau pour tempérer l'activité des volcans et même les éteindre, et nous rassurer contre la fréquence et l'instantanéité de leurs éruptions occultes ou visibles. *Quoniam super maria fundavit orbem terrarum* (P. 23). Cependant, comme aujourd'hui la dépression du soleil par la diminution de son disque empêche qu'il n'attire aussi puissamment les fontaines à la surface de la terre, il suit de là que les tremblements de terre sont plus fréquents. *Erunt terræ motus per loca.* (S. Mathieu, 24. 7.)*(Système du monde d'après Moïse. La capillarité, 8, 9)* (P. 19). Par conséquent, on ne peut conclure « des volcans éteints qu'ils n'ont pas manifesté d'éruptions depuis l'époque à laquelle peuvent remonter les traditions humaines, » puisqu'ils sont de la date plus récente du déluge, qui a brisé et rejoint les continents. Et d'ailleurs, nous avons démontré l'impossibilité d'avoir à l'intérieur de la terre des traces humaines, parce que les hommes qui s'étaient réfugiés sur les montagnes de l'ancien monde ont été engloutis, enfouis dans leurs craquements (Hic 19, 29). « Les eaux thermales qui circulent dans les fentes et les crevasses de la surface du continent prennent la température des couches qu'elles traversent, comme le témoignent celles qui remontent des puits artésiens. »

Les eaux thermales, à certaine profondeur, auxquelles donne issue la perforation des puits artésiens qui se trouvent dans le voisinage des montagnes, peuvent atteindre leur degré de chaleur ou leur propriété minérale, dans les couches qu'elles traversent, sans qu'il soit besoin de supposer l'état de fusion du globe. Plus les sources remontent, plus elles se refroidissent, par suite du degré moins élevé du thermomètre, comme dans les profondeurs d'une cave, à moins que des molécules hétérogènes ne soient comme un alambic qui leur communique la chaleur (P. 22). « L'eau, aidée de la température et de la pression, a des effets plus énergiques, évidemment, que si elle est seule. » C'est l'effet que nous attribuons « au vaste laboratoire » du déluge universel et subit (P. 24). Mais si « les bouches volcaniques sont un moyen par lequel notre *planète* se débarrasse de la force expansive qui la tend à l'intérieur, » ce moyen est évidemment insuffisant dès que l'on suppose l'état de fusion de la terre.

P. 22, 23. — « Toutes ces couches ont été déposées par les eaux (du déluge) les unes après les autres, les plus récentes sur les plus anciennes (par le va-et-vient des eaux diluviennes à la fin du cataclysme). On rappelle leur origine par l'épithète de *sédimentaires*, et leur disposition par celle de *stratifiées*. (Tout cela peut avoir eu lieu dans l'espace d'un an que le déluge a duré). « Les volcans éteints du pays d'Auvergne, les *champs indéfinis* de Volvic ne se montrent plus en [couches parallèles entre elles ou à celles qui les entourent (comme dans la plaine), ils se dressent en massifs de structure homogène, au milieu de roches stratifiées. » Par conséquent, les volcans ont dérangé la stratification des couches, mais cela ne prouve pas leur antériorité aux effets du déluge, et nous l'avons prouvé. Si le grand laboratoire du déluge préparait ces résultats, pourquoi ne pas les croire instantanés ?

P. 23, 24. — « L'observation des phénomènes qui modifient le plus aujourd'hui sous nos yeux la position des substances minérales nous a donc, en définitive, amenés à voir que les unes ont été précipitées au fond de l'eau qui les tenait en suspension ou en dissolution (ce qui a formé les différentes couches) ; que les autres, lancées (par les volcans) des profondeurs brûlantes de la terre, se sont élevées au travers de son enveloppe solide (et en ont dérangé la stratification). Ce résumé rapide, où nous avons essayé d'esquisser à grands traits les deux ordres de circonstances qui accompagnent la production de ces deux sortes de roches, a confirmé plus d'une fois l'hypothèse dont nous avons déjà prouvé la probabilité au début : c'est que notre *planète*, au moment où s'arrêtent les spéculations de l'astronome, où commencent les investigations du géologue, était en feu. »

— D'après le thermomètre, la fusion commence à vingt lieues de la surface du sol ; tout le reste, sur un rayon de quatorze cent quatre-vingts lieues, serait en fusion ! Quel puissant réfrigérant pourrait arrêter ces feux souterrains, la mince écorce de vingt lieues n'y suffirait pas plus que le bassin des mers ?

« Où l'astronome s'arrête » pour dire faussement et contrairement à ses propres observations que « la terre en état de fusion puis de consolidation partiellement minime est aplatie aux pôles, là commence l'hypothèse de la géologie » s'appuyant sur les données reconnues fausses de l'astronomie. C'est-à-dire que la géologie se base sur une erreur de fait, du renflement à l'é-quateur, tandis que ce renflement est aux pôles, puisque les arcs de cercle y sont démontrés plus grands. Impossible de suivre l'astronome pour faire de la terre un ellipsoïde de révolution autour du soleil.

P. 24. — « Une sphère embrasée, voilà le point de départ de la science ; l'explication des phénomènes anciens par l'étude des phénomènes actuels, voilà sa méthode. »

Le point de départ est erroné : il suppose la terre aplatie sur les pôles, ce qui est démontré faux par l'observation.

La méthode n'est pas plus sûre, car nous venons de prouver que le déluge a pu opérer instantanément ce que les phénomènes actuels opèrent lentement ; d'ailleurs, on ne peut rien conclure, si ce n'est (Hic. 40) la base même du Système : l'aplatissement aux pôles et le renflement à l'équateur, ce qui est faux. L'hypothèse est la conclusion.

P. 24. — « Quels sont les faits qui permettent au géologue cette entreprise HARDIE d'une histoire de la terre ? Ce sont d'abord les masses minérales qui la composent (nous venons d'en faire justice) ; l'ensemble de nos connaissances à cet égard sont la *pétrologie*. Puis nous savons que, liquide, notre globe s'est consolidé, qu'ardent à l'origine, il s'est refroidi (comment et pourquoi ?), les substances les plus pesantes en ont gagné le centre (à 1,500 lieues de rayon) et les plus légères la superficie. Les vapeurs, surtout la vapeur d'eau, l'ont enveloppé d'une épaisse atmosphère, qui a fini par se condenser autour de lui, par le couvrir d'une vaste mer, lorsque sa surface a été suffisamment froide. »

P. 25. — « Les fossiles, témoins précieux, dont le type, à peu près le même lorsqu'ils sont de la même époque, diffèrent au cas contraire, imposent une date précise aux couches qui les renferment. L'étude si importante des fossiles est celle de la *paléontologie*. »

Plus tard, on dira, dans le livre qui nous occupe, que l'ancienneté des couches prouve la paléontologie. Est-ce la pétrologie, est-ce la paléontologie qui prouve l'ancienneté des couches ? C'est un cercle vicieux ; c'est résoudre la question par la question ; c'est une pétition de principes : donc on ne prouve rien.

P. 33. — « Les fossiles, nous le répétons, sont, à chaque époque, les restes d'un monde *qui n'est plus*, et que les géologues cherchent à restaurer. Ils marquent en même temps la date des roches qui les ont conservés. »

— Le monde *qui n'est plus* existe et vit encore sous des formes beaucoup plus petites, ce qui fait qu'on ne peut les reconnaître. Quant aux animaux terrestres, Noé en a conservé les espèces dans l'arche, et, quant aux animaux marins, cette précaution n'était pas nécessaire ; et de la forme si diverse des poissons l'on ne peut rien conclure, puisque parmi eux il en est qui, ne pouvant vivre qu'au fond des mers, ont été, par la force du cataclysme, ramenés à la surface. On n'a pas encore retrouvé le poisson de Jonas, *que le Seigneur avait préparé* pour recevoir le prophète récalcitrant.

P. 34. — La *paléontologie* prouve, dit-on, l'ancienneté des couches. Nous remarquerons, en suivant ces éléments, que l'on cherche à prouver, par la pétrologie, l'ancienneté des couches. C'est ce à quoi tend la distinction des roches, « en prenant un aperçu de la position qu'elles ont les unes par rapport aux autres, de l'ordre où elles *ont dû* se former (simple hypothèse) avant que la terre se fût refroidie. »

§ 9. — Terrains primitifs (1).

(1) P. 24. — « On appelle *terrain* un ensemble de couches qu'on est obligé de réunir (1), parce que, au triple point de vue

(1) La chimie, qui est si précise pour décomposer et recomposer les corps, n'a point apporté ici son exactitude.

minéralogique, zoologique et stratigraphique, elles diffèrent moins entre elles qu'elles ne diffèrent des couches qui les ont précédées ou suivies. Les terrains se subdivisent en *étages*. »

Ce n'est donc plus seulement d'après la zoologie, mais encore d'après la minéralogie (des roches, p. 25), et encore d'après la stratigraphie (couches sédimentaires stratifiées, p. 22, 23) que l'on peut établir « leurs différences entre elles, ou de celles qui les ont précédées ou suivies. »

Tout à l'heure, on disait (p. 33) : « Les fossiles marquent la date des roches qui les ont conservés ; » ici l'on dit que la classification des terrains dépend à la fois de la minéralogie, de la zoologie et de la stratigraphie. Est-ce la paléontologie qui prouve l'ancienneté du monde ? Sont-ce les couches ? Ici revient le dilemme posé à Spinosa : Lequel est plus ancien, de la poule ou de l'œuf ?

P. 34. — « La pellicule superficielle du globe, qui s'est consolidée la première, *a dû* être un agrégat de cristaux, puisque le refroidissement a marché de la surface au centre ; ces agrégats de cristaux ont formé des couches concentriques, situées les unes au-dedans des autres. »

— « Le refroidissement a marché de la surface au centre. » Toujours l'hypothèse de la terre en fusion, non-seulement à cause de l'élévation des degrés du thermomètre, à mesure que l'on descend dans les profondeurs de la terre, mais encore à cause des fausses données de l'astronomie, qui prétend prouver, contrairement à ses propres observations, que la terre, à l'état de fusion, s'est aplatie au pôle, et qu'elle est un ellipsoïde de révolution. Quel fond peut-on faire sur l'ancienneté des couches non-seulement en se contredisant, mais encore en donnant pour preuve une hypothèse que détruit la Bible : *Quoniam super maria fundavit orbem terrarum et super flumina præparavit eum.* L'eau de la mer en dessous des continents, et les sources qui remontent à la surface, voilà le réfrigérant qui éteint les feux accusés par le thermomètre.

P. 35. — « La plupart des géologues pensent que le gneiss et le granit à grains sont les roches primitives. Quant aux micaschistes et aux talschistes, il y a moins d'accord ; voici pourquoi : Après la formation de la première croûte du globe, aussitôt que la température a été assez basse (l'état de fusion supposé), l'eau a pu se condenser, agir sur la température, la couvrir en certains points plus bas de débris qu'elle avait recueillis dans des points plus élevés. »

Tout cela n'a pu avoir lieu sans commotion, laquelle s'explique seulement par le va-et-vient des eaux diluviennes. Mais assurément ici il n'est point question de fossiles, lesquels seuls peuvent faire reconnaître des classes, puisque « ils marquent la date des roches qui les ont conservés. » C'est inutilement que l'on fait des classifications, puisque les roches métamorphiques dérangent toute division. C'est le chaos du déluge que l'on veut débrouiller ; il n'en peut résulter que de la confusion dans les idées.

§ 10. — Première époque du dépôt des roches stratifiées.

P. 36. — Si ces couches sont dites *azoïques*, comment alors affirmer aussi crûment que les « fossiles marquent la date des roches qui les ont conservés ? »

Au reste, les roches *sédimentaires* ou *stratifiées* (p. 8) ont pu se produire dans les plaines, quoiqu'elles soient inclinées sur les rivages affaissés de la mer, comme au Finistère (p. 37), lorsque les montagnes étant déjà formées par la jonction des continents, les eaux du déluge par *leur va-et-vient* ont laissé se former les sédiments par stratation dans les plaines. L'inclinaison des couches ne provient pas toujours des volcans, mais de leur voisinage de la mer, qui, minant en dessous, puisque *les continents sont placés sur les mers*, ont produit l'inclinaison à l'extrémité des terres.

P. 37. — « Si des couches sédimentaires auprès de la roche

éruptive sont restées horizontales, c'est que celle-ci avait fait irruption avant leur dépôt, puisqu'elles n'ont pas été dérangées de leur position ; on a donc un moyen bien simple, au moins théoriquement, de reconnaître au dépôt de quelles roches sédimentaires correspond l'éruption d'une roche d'épanchement. » — Le raisonnement des géologues est spécieux ; mais il tombe devant cette considération : « Les roches éruptives, selon la remarque de M. Elie de Beaumont, se sont épanchées sur plusieurs points du globe EN MÊME TEMPS, » parce que le déluge, qui avait disloqué les continents, les a portés par le mouvement d'abord uniforme des eaux à se rejoindre en même temps dans le même sens ; bien que les eaux aient pu prendre ensuite, après la suture des continents, une seconde et une troisième direction : ce qui justifie les remarques de ce savant, sans admettre son principe.

P. 39. — « Ces animaux ressemblent un peu à d'énormes cloportes. »

Tous les animaux antérieurs au déluge sont gigantesques ; or, si leurs pattes sont comme des lamelles membraneuses disposées pour la natation, c'est qu'elles ont été écrasées dans le cataclysme, et alors ces membranes, exposées au va-et-vient des eaux, ont pris dans leur écart la forme de nageoires.

P. 40. — « Pour qu'une faune puisse changer à ce point, il faut qu'un grand intervalle de temps la sépare de celle qui la suit. »

Cette réflexion manque d'objet : si la faune est du même âge à l'état gigantesque, qui vous empêche de la reconnaître pour être de même espèce que celle qui existe aujourd'hui ? D'abord, l'on ne peut rien dire de l'ancienneté des animaux aquatiques, puisqu'il y en a qui ne peuvent vivre dans la mer qu'à une certaine profondeur ; et quant aux animaux terrestres, les mêmes espèces anté-diluviennes ont été conservées, puisque Noé a reçu de Dieu l'ordre de les recueillir. Si de nouvelles espèces avaient dû se former, la précaution de l'arche eût été inutile.

P. 40-41. — « Le système du Hunsdruch, ainsi désigné par M. Élie de Beaumont, a ridé les roches siluriennes. L'intérieur de ses plis a servi de bassin à la mer de l'époque suivante, dont les sédiments composent le terrain dévonien. »

Mais, d'un autre côté, vous êtes forcés de voir des redressements de couches, lesquelles dérangent l'économie de vos stratifications.

Au reste, il est bien aisé, avec le secours de la Bible, de reconnaître le sens de ces redressements des sédiments vers un des points cardinaux, et un autre sens de nouveaux sédiments redressés vers un autre point cardinal, si l'on sait que *les eaux allèrent et revinrent*. Et cette fluctuation se conçoit avec le système d'Ampère et de Victor de Bonald, qui voient les continents s'adjoindre les uns aux autres et former les crêtes et les versants des montagnes, ainsi que toute la charpente du globe terrestre ; et la consolidation a été partout instantanée pour les terrains dont les molécules s'y prêtaient à cause de leur homogénéité, ou lors même qu'ils étaient disloqués par des volcans à cause des substances hétérogènes. Le texte *aquæ euntes et redeuntes* explique le transport des terrains qu'on appelle primaires, silurien, puis dévonien.

Mais remarquons encore le cercle vicieux dans lequel tombent les géologues :

§ 11. — Terrain dévonien.

P. 41. — « Dans le sud des Grampians, disent-ils, les grès du même âge ont conservé les restes d'une espèce de reptile, LE PREMIER QUI AIT ÉTÉ DÉCOUVERT DANS UNE ROCHE AUSSI ANCIENNE. » Ce n'est donc pas ici le reptile qui vous démontre l'ancienneté de la roche, puisque la couche où il se trouve (le terrain dévonien) est moins ancienne que le terrain silurien, terrains azoïques ; auparavant, vous avez établi en principe :

P. 25. — « Les fossiles, témoins précieux, dont le type à peu près le même lorsqu'ils sont de la même époque, différent au cas contraire, impose une date précise aux couches qui les renferment. L'étude importante des fossiles est celle de la paléontologie. »

P. 33. — « Les fossiles, nous le répétons, sont, à chaque époque, les restes d'un monde qui n'est plus, et que la géologie cherche à restaurer. ILS MARQUENT EN MÊME TEMPS LES DATES DES ROCHES QUI LES ONT CONSERVÉS. »

Et ici vous dites : LE PREMIER REPTILE QUI AIT ÉTÉ DÉCOUVERT DANS UNE ROCHE AUSSI ANCIENNE. » Ce n'est donc plus le reptile qui vous découvre l'ancienneté de la roche, mais c'est la roche qui vous découvre l'ancienneté du reptile. Pétition de principe. C'est résoudre la question par la question ; c'est ne rien prouver. C'est un cercle vicieux dont vous ne pouvez sortir. Il est bien affirmé que les deux premières couches ne sont pas classées par la paléontologie. On dit (p. 42) : « Après ces couches, il s'en est déposé d'autres bien importantes ; car c'est dans leur sein qu'on va chercher la plus grande partie de la houille, à laquelle on doit de pouvoir réaliser tant de découvertes modernes » et où se trouvent les fossiles.

Cependant, pourrait-on nous rétorquer, la stratation des couches par leur infériorité et leur supériorité les unes à l'égard des autres, à cause de leur disposition et de leur état, est de toute évidence, et vous êtes obligé, malgré vous, d'en convenir. — Oui, mais dans l'explication des causes qui ont rangé dans un certain ordre ces différentes couches, nous nous gardons bien de résoudre comme vous la question par la question.

Nous disons : Le déluge, par des pluies torrentielles, a produit d'abord les inondations des fleuves, ce sont les premiers sédiments azoïques, puisque les animaux étaient refoulés sur les bords ; il en fut de même des plantes inondées, qui de prime abord purent être englouties, tenant par la racine dans le sol, sans être renversées. Mais, lorsque, par la continuité des trombes d'eau pendant quarante jours, la mer sortit de son lit par d'épouvantables cyclones ; que dire, lorsqu'à un moment donné, que Dieu seul connaît, les cataractes, avec des montagnes de glace tombant du ciel, disloquèrent l'ancien continent et séparèrent l'Amérique de l'Europe et de l'Afrique ; ce n'est pas assez : lorsque ces continents disloqués et errants par la violence des eaux *qui allaient et revenaient*, tantôt dans un sens, tantôt dans un autre, cherchaient à se rejoindre par la force de cohésion ; ce n'est pas tout encore : lorsque les eaux diluviennes commencèrent dans ce mouvement de va-et-vient à baisser, laissant les montagnes, nouvellement formées par le choc de leur cohérence et durcies par l'action du soleil, tout imprégnées qu'elles étaient de sels marins, se découvrir avec les différents terrains qui s'étaient soulevés à l'abordage, pour produire ensuite les vallées et le cours des nouveaux fleuves, on a pu remarquer les différents AGES de la stratification. Les forêts arrachées se sont d'abord placées au-dessus des sédiments azoïques avec les animaux marins ou terrestres, qui n'ont pu résister à la tourmente ou qui ont été noyés ; puis de nouveaux sédiments ont recouvert ces premiers désastres de la flore et de la faune, ou bien les ont emportés au loin, par exemple en Amérique, comme un immense alluvion. Puis les montagnes, par le choc à l'abordage, ont produit coup sur coup, à cause des substances hétérogènes qui se faisaient la guerre, de plus terribles éruptions volcaniques que celles que nous apercevons même aujourd'hui. Enfin, les eaux en se retirant ont laissé, par leur flux et reflux, un mélange de détritus d'eau douce et de détritus d'eau salée ; car les nouveaux fleuves, reprenant leur cours, étaient de nouveau envahis par la mer. Enfin tous les différents sédiments ont pu se disloquer par la force des volcans, depuis lors éteints, ou s'incliner par les dépressions de terrains au bord de la mer, comme au Finistère ou ailleurs. Le déluge universel et subit explique tout sans pétition de principe.

§ 12. — Du terrain carbonifère et du terrain houiller.

P. 43. — « Les bassins houillers ont été recouverts d'abord par des *poudingues*, formés de fragments des roches primaires assez gros et très-quartzeux. Au fond des bassins du Nord, il y a des *conglomérats* analogues, mais à éléments plus petits. »

P. 26. — Ce que sont les *poudingues* et les *conglomérats* : « La cohérence des roches tient soit à la cristallisation, qui, en orientant leurs parties élémentaires, les a intimement unies, ou, comme dit la science, les a *agrégées*, soit à des dissolutions salines, qui, en se précipitant, ont cimenté leurs parties auparavant isolées, ou en ont fait un *conglomérat*. On distinguera les deux origines de leur cohérence ; on les a appelées *agrégées* ou *conglomérées*. »

P. 31. — « Les roches cristallines, granitoïdes ou schisteuses, sont désagrégées peu à peu par l'action lente des forces complexes. Leurs fragments anguleux peuvent être soumis à un ciment quelconque ; une masse formée de fragments anguleux ressoudés est une *brèche*. Si les fragments ont été arrondis par leur choc mutuel au milieu de l'eau qui les a entraînés, c'est un *poudingue*. Si les cristaux élémentaires des roches primitives sont très-petits ou ont été divisés en débris très-ténus, leur ensemble constitue les *sables*, et les sables agglutinés par un ciment qui est le plus souvent calcaire ou siliceux sont appelés *grès*. Ce que les sables sont aux grès, les *galets* le sont aux poudingues. Les *galets* sont des fragments de roches, arrondis et non encore cimentés. »

Nous opposons ici notre expérience : nous voyons des conglomérats de *grès* dans la forêt de Fontainebleau perdre au bout d'un certain temps leur élément pour devenir *siliceux ;* ils se resserrent et se durcissent par l'enlèvement des autres substances qui s'opposent à l'agrégation ; et ce qui s'expérimente en plein air peut, à plus forte raison, avoir lieu dans les eaux salées de la mer, et ce qui s'opère pour les *galets* oblongs dans les rivières peut se produire pour les *galets* ronds dans la mer. (Note de la page 11.)

P. 43. — « La houille ou les roches intercalées, qui souvent divisent la faune marine en lits nombreux, renferment peu de restes d'animaux ; ce sont surtout des coquilles d'eau douce ou terrestres, » parce que, ainsi que nous l'avons dit à la fin du paragraphe précédent, les nouveaux fleuves ont été de nouveau envahis par la mer (p. 48) ; « mais ce qui est particulier à cet étage, c'est une flore dont aucune époque n'a depuis égalé le développement. »

Comment ! vous êtes forcés pour la flore de reconnaître une nature gigantesque, et vous vous obstineriez à ne pas vouloir reconnaître de géants dans la faune ? et vous conclurez des dimensions de la faune qu'il n'existe plus aujourd'hui de ces espèces ? y avez-vous bien réfléchi ?

P. 44. — « Le système Forez et autres, dressé par M. Élie de Beaumont, ont été affectés dans la même direction par cette dislocation » des continents dilacérés par le déluge, sans compter « les roches éruptives de ce terrain houiller très-nombreuses, » qui, après la dislocation des continents et leur rapprochement, se sont éteintes.

§ 13. — Du terrain permien.

P. 45. — « C'est le nouveau grès rouge ; ce sont des grès composés de quartz, de jaspe, de granit, de gneiss, de porphires semblables à ceux qui ont fait éruption pendant toute l'époque précédente. En Angleterre, le nouveau grès rouge repose sur le grès houiller, en stratification DISCORDANTE. En Russie, le terrain permien, presque uniquement composé de grès, occupe un bassin à l'est du gouvernement de Perm. C'est de ce dernier qu'on a tiré le nom de *permien*. »

Ainsi, après le terrain de la faune et de la flore, viendrait immédiatement le terrain un peu disposé, comme on le voit, « en stratifications discordantes. » Ce qui prouve la puissance de l'alluvion par les eaux qui vont et viennent après la destruction de tout être vivant et le désastre de toute végétation. Cela s'explique par la réaction du déluge universel et subit.

P. 46. — « Le grès vosgien est le dixième système de bouleversement remarqué par M. Élie de Beaumont. »

§ 14. — Le Trias.

P. 46-47. — « Ce terrain se divise en trois étages, et de là lui vient son nom : 1º Le grès vosgien porte un autre grès à éléments plus fins, moins rouge ou plutôt de couleurs variées, chargé de paillettes de mica. La variété de ses couleurs l'a fait appeler grès bigarré. 2º Au-dessus ou plutôt en dedans des grès bigarrés, on voit un calcaire compacte, gris de fumée, parfois verdâtre, à cassure unie, parfois esquilleuse, souvent pétri de mollusques céphalopodes. »

Ces animaux pourraient être des colimaçons de forme gigantesque de « plus de deux décimètres de rayon ; on a nommé ces animaux ammonites. »

« Le calcaire décrit plus haut appelé muschelkalk (calcaire coquillier) par les Allemands, renferme beaucoup d'animaux de ce type, ainsi que des dents de crocodiles. »

3. « Au-dessus du muschelkalk se trouvent des argiles de couleur assez vive (argiles ou marnes irisées), où se rencontrent souvent d'énormes bancs de sel gemme ou des lits de gypse. Les grès bigarrés portent l'empreinte des pas d'un grand batracien (classe de mammifères), à laquelle appartiennent les grenouilles gigantesques. »

On peut conclure de toutes ces remarques sur le trias, que les animaux qui s'y trouvent sont d'eau douce, quoiqu'on ose affirmer que « la vie de ces animaux était suspendue (48), sans doute par impuissance du Créateur ! Il peut se faire qu'après la destruction de la faune et de la flore, les eaux de la mer n'eussent pas encore envahi tous les continents. Alors certaines terres ou lacs haut situés ont pu être sous le coup du cataclysme, pour laisser de leurs dépôts dans le trias.

P. 48. — On remarque à part, pour donner suite au système, que « les bassins des mers devenaient plus resserrés, plus nombreux, les mers s'isolaient. L'Océan avait d'abord submergé toute l'Europe à l'époque silurienne, et au temps même où les bassins s'abaissaient assez pour être couverts de ses eaux, son lit devenait toujours de plus en plus étroit. » C'est précisément ce qui prouverait le déluge universel, qui se restreint naturellement à mesure que les eaux redescendent et qu'a lieu la dessiccation.

§ 15. — Du terrain jurassique.

P. 48 et 49. — « Les premiers sédiments qui nous marquent l'action des eaux jurassiques, ce sont des sables et des grès, des conglomérats de cristaux, de feldspath et de quartz, qui viennent des roches cristallines du voisinage, et qui ont été souvent remaniés et cimentés sur place. Les assises correspondantes sont des calcaires ; des fossiles communs montrent le synchronisme de ces divers dépôts. Des dépôts de marne et de calcaire ont succédé aux précédents. Tout ce système de couches a reçu le nom de lias ; les grès sont infraliasiques. »

« A l'époque du lias, une faune remarquable peuplait l'Océan. C'étaient des ammonites, des mollusques céphalopodes, dont le type se rapproche de celui des seiches. (On a déjà remarqué de ces animaux dans le trias. Hic., p. 58). Ces derniers mollusques sont les bélemnites. Dans le marno-calcaire était l'ichthyosaure (poisson lézard). Les plésiosaures avaient le cou allongé. Ces animaux sont côtiers. »

Ces animaux sont des crocodiles de taille gigantesque. Leurs différentes formes étaient, comme celles des céphalopodes, produites par les efforts des terrains qui les écrasaient, et dont les restes, délayés par les eaux, se manifestaient comme des membranes, ce qui a dérangé de beaucoup leur conformation primitive.

P. 49. — « Le sol s'infléchissait de plus en plus, depuis les premiers dépôts du lias : la mer forma successivement trois étages du terrain jurassique. A cause de la forme souvent oolithique des calcaires qui en sont la roche la plus abondante, ces trois étages ont été réunis sous le terme commun : d'oolithe inférieure, moyenne, supérieure. »

P. 50. — « C'est d'abord l'oolithe inférieure, nommée aussi oolithe ferrugineuse, parce qu'un minerai de fer, le protoxide de fer HYDRATÉ, le colore presque partout en jaune et en brun. Les couches suivantes constituent la grande oolithe. Ce sont des calcaires oolithiques et marneux. La mer qui forma ces calcaires avait atteint son maximum d'étendue. Pendant les deux étages de cette période jurassique, elle se retira peu à peu, tantôt regagnant sur le continent, tantôt reculant, mais perdant toujours plus de terrain qu'elle n'en avait recouvré. »

Nous n'avons pas besoin de soutenir la thèse d'un déluge universel, la voilà toute faite.

« L'oolithe moyenne comprend des argiles, et au-dessus de ces argiles de nouveaux calcaires. Les argiles sont intéressants pour le nombre et la variété des ammonites, dont elles nous ont gardé les coquilles. Les calcaires sont quelquefois un amas de polypiers ; c'est ce qui les a fait nommer calcaires coralliens. (Voir ce que nous avons dit sur les coraux, p. 17.) A leur partie supérieure, ils deviennent oolithiques. »

« L'oolithe supérieure a été d'abord une assise argileuse ; l'argile de Kimméridge ; elle s'est terminée par des assises de calcaire compacte, puis oolithique. Lors des dépôts Kimméridgiens vivait un saurien volant, qui se rapproche des sauriens par les dents, des oiseaux par son cou, des chauves-souris par une membrane fixée au cinquième doigt, tandis que les autres quatre doigts libres lui permettaient la marche. »

Ce saurien a été écrasé, et ses membranes d'autant plus visqueuses qu'elles étaient soumises à la fluidité des eaux, ont produit d'un côté les ailes, de l'autre l'allongement du cou, en troisième lieu la liaison du quatrième au cinquième doigt. Nous avons vu, au haut de cette page, que « ces animaux étaient côtiers. » C'étaient les crocodiles gigantesques, lesquels, suivant l'âge de l'animal, pouvaient présenter de moindres proportions.

« On a pu remarquer cette succession d'argiles ou de marnes et de calcaires que répètent les étages jurassiques. »

Nous observons que les argiles, les marnes et les calcaires ont été remarqués dans les autres terrains ; et que, quant « aux fossiles communs du terrain jurassique qui montrent le synchronisme de ces divers dépôts, » nous venons de distinguer un des sauriens qui se trouvent dans le terrain précédent appelé trias, parce qu'il a lui-même trois étages, comme le terrain jurassique.

P. 51. — Ce sont « le douzième système de dislocation du mont Cénis et le treizième système des monts Ourals, établis par M. Élie de Beaumont. »

« Dans le Purbeck, au-dessus des marnes remplies de coquilles d'eau douce, se rencontre un lit noir, chargé d'un lignite terreux, et dans lequel a été enfouie une ancienne forêt. Les carriers l'appellent lit de boue. »

Nous voici redressés dans des terrains houillers. Tout à l'heure, nous voguions en pleine mer, nous sommes instantanément à l'intérieur des terres sur le bord des fleuves en eau douce. Quel fond peut-on faire sur des distinctions qui se contredisent, si ce n'est que la contradiction est le résultat du chaos diluvien ?

§ 16. — Du terrain crétacé.

P. 52. — « Les premiers dépôts du terrain crétacé furent ceux qu'on nomme les grès verts et qui comprennent l'étage du néocomien et celui du gault. En Angleterre, un système d'argile rempli de coquilles d'eau douce et de sables où sont renfermés d'énormes reptiles, diguanodons, mégalosaures (tortues), est immédiatement aux dépôts du Purbeck. »

« Dans le bassin de Paris, le premier étage, le plus ancien, a pour roches essentielles des grès et des argiles alternes avec des calcaires. Le gault est un étage plus argileux. Des grès situés dans les assises moyennes de l'étage néocomien sont remarquables par leurs coquilles d'eau douce, qui sont la preuve de l'immersion du bassin pendant un certain temps ; mais ces couches dans le midi sont restées marines et indiquent le passage d'une mer profonde. Le néocomien de la Haute-Marne (Passy, etc.) est célèbre par ses minerais de fer. »

Quant au minerai de fer, nous savons par expérience qu'il se forme très-vite. Lors de la guerre de Crimée, où le fer se vendait très-cher, on exploita à notre vue, dans de la terre argileuse, au moyen de puits soutenus par des claies (nous y sommes descendu), du minerai de fer en très-grande abondance et très-gros, qui s'était formé récemment dans d'anciens puits, par les parois desquels il était facile de reconnaître la formation du nouveau minerai. Les suintements de rochers se faisaient issue par une source intermittente à travers la terre glaiseuse de couleur rouge, et la changeait en grumelots noirs, lesquels affectaient la forme de pointes pour se rejoindre les uns aux autres, ensuite les intervalles étaient remplis de nouvelles matières, de manière à former un gros minerai très-solide.

P. 52, 53. — « L'étage supérieur du terrain crétacé déposa, au contraire, des couches nombreuses dans le sud-ouest. Ce furent d'abord des sables ; puis la roche qui a donné son nom au terrain qu'elle caractérise, la CRAIE, apparut dans les eaux et se précipita sur tous les points. Enfin, les derniers sédiments consistèrent en un calcaire dur, qui a été nommé calcaire pisolithique, parce qu'il ressemble à une agglutination de pisolithes. Alors vivait le mosasaurus (de la Meuse), qui appartient au type des sauriens (c'était un gigantesque lézard). Cuvier en a fait l'étude complète. »

Nous voici encore avec « les sauriens, » que nous avons vus précédemment dans le terrain jurassique (p. 49) : « les ammonites » du trias (p. 47) « et les bélemnites » du lias (p. 49), toujours pour nous montrer le *synchronisme* de ces divers dépôts (p. 49).

La craie, nous l'avons vu par l'examen de l'autre ouvrage du P. Gérard Molloy, est au fond des mers continentales, qu'atteint à l'état de limon la sonde, une composition d'animalcules qui ne peuvent vivre qu'à certaines profondeurs plus ou moins grandes (Hic 26), mais qui, après s'être durcie, a été ramenée par le bouleversement du déluge, à la surface et même au-dessus de la surface des eaux. Nous n'ajoutons rien à ce que nous avons dit relativement à la craie, si ce n'est que MM. les géologues sont obligés, par suite du chaos diluvien, de joindre au terrain crétacé des grès verts, le gault, des argiles alternes, des minerais de fer et des fossiles sauriens.

§ 17. — Du terrain tertiaire.

P. 53. — « Les calcaires s'étendent sur les sables quartzeux très-purs. Les calcaires sont remplis de coquilles lacustres. Ce sont les dépôts d'un lac assez vaste qui occupa cette partie du bassin de Paris avant la rentrée de l'Océan. »

Ce serait le dernier vestige du déluge, quand les eaux se retirèrent. Mais, après l'âge de la craie, nous voilà descendus plus bas par le calcaire, plus bas encore par le quartz. La disposition du terrain, mais non les éléments qui le constituent, pourrait prouver sa nouveauté. Dira-t-on que la faune y est de date plus récente que les grenouilles du trias ? (p. 49).

« **Le** bassin de Paris, dénudé par des eaux impétueuses, n'offre plus que des lambeaux épars de calcaire pisolithique (au sommet de l'âge précédent), qui entament parfois la partie supérieure de la craie. Dans ce conglomérat, l'on a retrouvé les restes de nombreux mammifères ; au-dessus se trouvent des couches d'argiles plastiques (54), de couleurs variées, puis du sable, et enfin de nouvelles glaises ou argiles plastiques, dites fausses glaises, chargées de minéraux divers, oxyde, carbonate, sulfure, phosphate de fer, gypse, blende, suin, etc., et de fossiles végétaux, les uns passés à l'état de lignite, les autres plus ou moins silicifiés. Voilà le commencement de la période tertiaire. »

Voilà bien des quantités de matières d'éléments différents. Nous remarquerons seulement, pour la flore, que l'état des arbres fossiles, lignite ou siliceux, dépend des terrains dans lesquels ils se trouvent : dans l'argile, ce sont des lignites, parce que le terrain vaseux n'est pas propice à la consolidation, tandis que, suivant nos précédentes remarques, les fossiles ont dû, au contact de l'eau de mer dans d'autres terrains composés de parties plus solides, se pétrifier instantanément (Hic, 4).

P. 54. — « Ensuite viennent des argiles chargées de lignite pyriteux, puis des couches marines sableuses ; de nouveaux sables, des sables chlorités ou glauconieux furent suivis de calcaires d'une grande puissance, qui vont se relier à des argiles qui leur ont été contemporaines. Et ce calcaire grossier, qui est vers la fin de cette époque, a une faune marine, et présente, dans sa partie supérieure, des lits de coquille d'eau douce, alternes avec des lits marins. Il y contient même des animaux terrestres, des lophiodons, mammifères voisins des tapirs. Ensuite étaient des sables verdâtres (p. 55) et des grès, puis des calcaires très-siliceux avec coquilles lacustres, lymnées, planorbes, etc.; enfin, des marnes alternes avec des bancs de gypse (pierre à plâtre). »

Quant au terrain, il a peu de différence avec le terrain jurassique.

Il n'est pas surprenant que dans le dernier mouvement du cataclysme les détritus des animaux marins se soient mêlés aux détritus des animaux d'eau douce, puisque la mer, en se retirant, laissait des fleuves couler ; mais, par le va-et-vient naturel à la violence des eaux, elle revenait sur des terrains qu'elle avait quittés naguère pour emporter tout de nouveau.

P. 55. — « Avec le dépôt de gypse a fini la première époque de la période tertiaire, celle qu'on a nommée *éocène (eós*, aurore, *cainos*, commun). La formation gypseuse est une des plus célèbres dans la science des êtres fossiles. Les paléothériums, mammifères voisins des rhinocéros, et beaucoup d'autres pachydermes, rétablissent entre les animaux de cet ordre cette transition habituelle de la nature que Linnée embrasse de son œil d'aigle le jour où il s'écrie : « La nature ne fait pas de sauts. »

Nous disons, nous, qu'elle les permet dans le cataclysme du déluge.

Quant à la faune, nous trouvons impropre le mot *éocène*, puisque, dans les terrains antérieurs, nous avons des animaux, les sauriens, qui se rapprochent du crocodile, et d'autres animaux qui ressemblent à des grenouilles gigantesques (p. 47). « Les fossiles nous rendent certains du synchronisme des couches. » (p. 55). Et ailleurs on a dit (p. 41) : « Le PREMIER REPTILE QUI AIT ÉTÉ DÉCOUVERT DANS UNE ROCHE AUSSI ANCIENNE. » Vous ne remarquez pas que vous commencez par établir dans vos raisonnements l'ancienneté du terrain dévonien, où se trouve ce reptile, moins ancien que le terrain siliceux, que le terrain *azoïque*, sans animaux. Vous ne vous apercevez pas que vous résolvez la question par la question ?

Les géologues ne s'accordent pas « sur les nummulites ; quelques-uns disent qu'ils appartiennent à l'époque éocène ou ter-

tiaire inférieur, d'autres, comme antérieurs au terrain tertiaire
du midi. » Quoi qu'il en soit, « dans le terrain gypseux, on distingue des animaux terrestres, des rhinocéros » (p. 55), et
dans un terrain posé en dessus ou en dessous, voici apparaître
des coquillages marins » (p. 56). Tout n'accuse-t-il pas les
bouleversements du déluge universel, puisque « ces coquillages
se trouvent même sur les pentes de l'Himalaya? »

(P. 56). — « Une seconde époque tertiaire, dite miocène, par
opposition à la suivante, celle du pliocène, offrait des sédiments
de sable, et qui sont séparés du gypse par des calcaires, un
nouveau lac, celui où se forma le travertin, calcaire au sud,
composé au nord d'argile et de meulière (roches siliceuses cri-
blées de cavités), des sédiments marins, des sables presque
entièrement composés de fragments calcaires de coquilles, les
faluns de la Touraine, qui ont des lits synchroniques avec les
faluns de Bordeaux, la molasse (grès quartzeux, mélangé de
marne, avec grains de feldspath et de mica. » C'est-à-dire sable
joint par la faune aux terrains les plus anciens du felspath, du
quartz, du mica ! Nous revenons à ce que nous avons déjà plusieurs fois observé sur le raisonnement des géologues : tantôt
(p. 34) « il faut chercher à prendre un aperçu de la position que
les roches ont les unes par rapport aux autres, de l'ordre où
elles ont dû se former, et des aspects successifs sous lesquels
devait se présenter la terre pendant que son enveloppe solide et
sa surface arrivaient peu à peu à leur état actuel » (d'un ellipsoïde de révolution); « se solidifiant, elle prit sensiblement une
forme sphéroïdale (p. 1); tantôt « c'est le synchronisme des
fossiles qui nous rendent certains de la position des couches ! »
(p. 41).

Remarquons avec Cassini ce que l'on doit croire de cette
forme sphéroïdale de la terre avec le résultat des observations astronomiques qui démontrent que les arcs de cercle sont
plus grands au nord qu'ils ne le sont à l'équateur ; en sorte que
le renflement serait aux pôles et non à l'équateur. Cette réflexion

que la terre est un ellipsoïde de révolution, tournant sur son axe incliné de 23°, est pourtant la base sur laquelle reviennent tous les raisonnements de la Géologie !

(P. 57). « Quant à la troisième époque du terrain tertiaire appelé pliocène de *pleió cainos* (commun en plus grande quantité) c'est le crag qui offre des dépôts marins que l'on rapporte au pliocène. Chacune des époques a été caractérisée surtout par une faune d'animaux aquatiques. C'est que les continents n'ont pas eu du premier coup leur étendue actuelle ; c'est surtout parce que les animaux aquatiques ont été conservés plus facilement par les sédiments dont les eaux les recouvraient sur place, que les restes d'animaux terrestres souvent amenés de loin dans les bassins où ils ont été enfouis. »

C'est encore l'histoire toute faite d'un déluge universel et subit. Mais ce ne sont pas seulement les animaux aquatiques qui ont été surpris, ce sont, comme le remarque Cuvier, des animaux terrestres, « qui ont été enfouis avec leurs poils dans des contrées du nord où ils ne pouvaient vivre. » (*Système du monde d'après Moïse*, p. 188.) Généralement il est vrai de dire que « les animaux terrestres ont été amenés de loin. »

« Puis des animaux terrestres se trouvent à la même époque dans les faluns de la Touraine : des débris de dinothériums, animaux dont une espèce avait une taille colossale, mais qui étaient beaucoup moins terribles que le nom qu'on leur a donné, en même temps que des ossements de rhinocéros et de pachydermes dont les types n'existent plus » (à l'état colossal qu'ils avaient.)

On ne doit pas s'étonner que certains animaux aient résisté au cataclysme, et qu'ils se trouvent dans les couches supérieures.

« Les produits pyrogènes (des volcans) n'eurent qu'une médiocre étendue pendant les périodes jurassique et crétacée. Pendant la période tertiaire, les éruptions de roches ignées furent assez nombreuses. Les masses qui forment ces roches ont reçu le nom de Dykes, » (de *dunasthaï*, être puissant).

Nous avons dit que les volcans s'étaient formés à la retraite des eaux sur les nouvelles montagnes qui constituent la charpente de notre univers, lorsqu'après la jonction des continents la dessiccation eut lieu, et que des molécules hétérogènes se sont fait la guerre (hic 12.) Au reste on distingue les roches *plutoniques*, qui ont pu se former par la jonction des continents dans le premier retrait des eaux diluviennes, et les roches *volcaniques* qui se sont formées à la dessiccation, lorsque les nouvelles montagnes ont été mises à nu, et que d'autres éruptions sont survenues par suite de la dessiccation elle-même. Et ces volcans se sont éteints, lorsque les sels marins ont achevé leur œuvre de fermentation.

§. 18. — Du terrain quaternaire.

L'auteur de ces éléments de géologie n'a pas voulu donner un titre à ce chapitre, et il a eu raison ; car, selon nous, ces terrains qui ont été transportés comme des moraines sur les montagnes par des glaciers, doit prendre place au moment où les eaux, recouvrant les pics les plus élevés par un froid glacial très intense, ont laissé, sur le Jura par exemple, des terrains primitifs de granit provenant des Alpes. Il faudrait dire par conséquent qu'ils sont de formation secondaire. (Hic, 20, 21.)

Quant au silex, où l'on croit trouver des marques d'une fabrication humaine, c'est un conglomérat que la pluie fend par le milieu en développant sur ces pierres l'acide carbonique ; et, par ce moyen, le silex affecte les formes les plus bizarres et parfois dans la quantité celle des couteaux druidiques. (Hic, 20.) La puissance de l'eau qui resserre les parties homogènes forme du silex même dans la flore : des branches, et même des troncs d'arbres, sont devenus siliceux. Ce que l'on trouve pour le bois peut à plus forte raison avoir lieu pour la pierre. Dans la terre se sont formées les différentes boules agglomérées entre elles par le carbonate de chaux ; puis l'acide carbonique, au moment de la pluie, a fendu ces conglomérats de différentes façons. Rien ne prouve donc que les silex sont de formation plus récente. Conglomérats formés par l'inondation du Loing, en 1876.

§ 19. — Conclusion.

Nous sommes loin de contester d'une manière absolue la stratification des couches que remarque la géologie. Mais, sans nous laisser rouler dans le cercle vicieux que nous avons plusieurs fois signalé dans cet écrit, nous pouvons et devons suivre un autre ordre indiqué par les données si puissantes de la Bible sur le déluge unique, universel et subit, tel que l'admet Cuvier.

1° Pour avoir la raison de la stratification des couches et de la superposition des différents terrains remarqués, il faut concevoir d'abord que *les cataractes sont tombées du ciel*, de notre ciel, au-dessus duquel sont *les eaux supérieures retenues* au-delà des astres par une énorme couche de glaces, que le soleil, quittant par la permission de Dieu son orbite, et s'élevant au déluge, est venu fondre et rompre. Par ce puissant déversoir, il n'y eut pas seulement, d'après sainte Hildegarde, des torrents d'eau, mais des roches de glaces qui tombèrent sur le seul continent antidéluvien placé au-dessus des mers, *les eaux inférieures*, et le fendirent à leur tour en fragments assez reconnaissables entre l'Europe et l'Afrique ouest et les deux Amériques est. Le contre-coup se fit sentir jusque sur la Polynésie, qui se détacha sans pouvoir se rejoindre aux continents. Les autres fragments, portés sur les eaux, se sont réunis en Asie, par exemple, aux monts Altaï les montagnes Bleues, à celles-ci les montagnes de l'Himalaya (*Système d'après Moïse*, p. 350, *Apparences des éclipses, 9*). Or, ces terrains, tout imprégnés de l'eau salée des mers, ont laissé paraître différentes couches à l'abordage, et à la dessiccation ont produit ces montagnes qui constituent aujourd'hui la charpente de notre terre.

2° Là devaient se trouver d'abord plus que partout ailleurs les terrains azoïques, terrains cambrien, silurien, dévonien et permien. Car là se remarquent aussi les poudingues, lorsque les glaces flottantes, par un froid excessif, en l'absence du soleil, ont laissé, au moment de la retraite des eaux, des détritus de montagnes plus élevées qu'elles y avaient empruntés.

3° Puis les grandes alluvions ont enfoui la faune et la flore, surtout en Amérique, où les *animaux nés des eaux le cinquième jour, les oiseaux* avec leurs plumes, *les poissons* avec leurs arêtes, ont été emportés les premiers (le guano du Pérou, *Système du Monde*, p. 348, 349). Les forêts gigantesques ont été presque partout enfouies et plus ou moins pétrifiées, à l'état de silex, de houille ou de lignite, selon la nature des terrains dans lesquelles elles ont été encadrées.

4° Tandis que le même cataclysme du déluge engloutissait aux profondeurs des mers, ou relevait comme des montagnes le terrain crétacé.

5° Ensuite, toujours à la retraite des eaux, on distingue : 1° les argiles, le gypse et le sel gemme dans les marnes ; 2° le calcaire très-coquillier, et 3° le grès du trias.

6° Et encore, à la retraite des eaux, qui laissaient couler les fleuves, puis les envahissaient de nouveau, les calcaires et marnes du terrain jurassique et du lias, où l'on voit mélangés ensemble des animaux marins et d'eau douce.

7° Les différents sédiments du terrain tertiaire, par suite de l'agitation des eaux qui allaient et revenaient, pouvaient nous laisser voir par différentes couches les terrains éocène, myocène et pliocène.

8° Mais les conglomérats du terrain quaternaire appartiennent aux premiers dépôts du déluge, ainsi que le silex, qui ne porte que par hasard les traces d'une manipulation humaine.

9° Quant aux nouvelles alluvions des grands fleuves aux

deltas, elles n'ont rien à faire pour l'appréciation du cataclysme unique et universel du déluge.

§ 20. — Témoignages.

Mais, afin que les *incirconcis*, nous le disons dans le sens allégorique et énergique du mot employé par Saint Paul, ne méprisent plus, mais adorent le Dieu d'Abraham, de qui la race se manifeste encore de nos jours par la *circoncision*, les Juifs, les Musulmans, ce dernier peuple sur le penchant de sa ruine, nous allons montrer dans le psaume 103 les effets du déluge, et dans le psaume 117 la commotion de l'univers pour la régénération du peuple juif et musulman par un nouvel et incessant prodige, qui va soudainement épouvanter l'impie et le forcer à dire très-sérieusement : *Amen*.

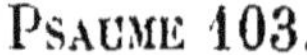

Psaume 103.

Le déluge et ses effets.

5° Vous avez posé la terre sur ses bases pour rester toujours stable (au-dessus des continents) (Ps. 23). 6° Vous l'avez recouverte du déluge comme d'un vêtement, les eaux se sont arrêtées sur les montagnes. 7° Puis à vos menaces elles ont fui, elles ont redouté la voix de votre tonnerre. 8° Les montagnes se sont relevées, les plaines *liquides* se sont abaissées pour reprendre la place que vous leur avez fixée. 9° Vous leur avez posé des bornes qu'elles ne pourront franchir, elles ne reviendront pas couvrir la terre. 10° C'est vous qui faites jaillir les fontaines, qui les dirigez au travers des montagnes. 19° C'est vous qui avez fait la lune avec ses phases, *depuis le déluge, en augmentant le cours du soleil d'un quart de jour, puis d'un jour sous Josué, puis de dix jours sous Ezéchias : onze jours un quart de différence dans l'année entre le cours de la lune et celui du soleil*, lequel, *aussi depuis le déluge*, a connu *les différentes places de* son coucher ; *car auparavant, étant sur l'équateur, il se couchait toujours au même endroit.*

PSAUME 117.

La régénération physique et morale par le plus grand prodige qui se soit jamais produit.

Le fidèle de notre époque 7° a invoqué le Seigneur au milieu de la tribulation ; il a crié vers Dieu qui l'a exaucé du haut de son saint temple, d'où il a entendu ses gémissements.

8° Alors la terre s'est ébranlée, elle a tremblé ; les montagnes seront secouées, agitées jusqu'à leur base, *lorsque,* dans votre colère, *les fragments des terres se rapprocheront pour reconstruire l'ancien continent antédiluvien.* En présence du Dieu terrible on voit s'élever la fumée et le feu *des volcans* qui s'embrasent à l'intérieur. 10° Il abaisse les cieux et descend sur de sombres nuages, *comme pour visiter Sodome.* 11° Puis il remonte sur les Chérubins et vole sur les ailes des vents. 12° Il se cache comme en une tente dans les ténèbres des nuées de l'air, *les ténèbres.* 13° Tout-à-coup, à l'éclat de sa présence, les nues disparaissent, et voici la grêle et des charbons enflammés *pour détruire les villes coupables.* Le Seigneur a tonné du haut du ciel, il a fait retentir sa voix, et voici la grêle et des charbons enflammés : ce sont des flèches qui dispersent l'impie, la foudre dont les coups redoublés l'épouvantent. On voit alors apparaître les sources dans leurs profondeurs et les fondements du monde, au bruit de vos menaces, Seigneur, au souffle seul de votre colère, *les continents étant placés au-dessus des mers, comme au dessus des fleuves* (Ps. 23), *l'ancien continent antédiluvien se reforme de la même manière qu'il s'est disloqué, et pour cela les montagnes craquent, puis se rapprochent au souffle terrible de l'inspiration céleste, en sorte que* les hommes sèchent de frayeur au bruit de la mer et des flots. (St Luc, 21, 25, 26.)

17. — Ainsi le Seigneur m'a envoyé d'en haut son secours, il m'a tiré du milieu des grandes eaux. — 18. Il m'a arraché des mains puissantes de mes ennemis et de ceux qui me haïssaient et qui étaient plus forts que moi... — 26. Oui, Seigneur, envers votre élu vous serez saint, envers l'homme parfait vous serez magnifique, — 27. envers l'homme pur vous serez éclatant, et envers le destructeur vous serez destructeur ; — 28. car vous sauverez les humbles de la terre, et vous humilierez les regards superbes.

JUDITH, CH. XVI.

Mais pour avoir en dernier ressort la preuve de la preuve, c'est Judith qui nous annonce, dans son admirable cantique, le rétablissement de toutes choses, Judith, pour la confusion des impies, qui ne veulent pas plus reconnaître la sainteté de ses mœurs que l'inspiration de son courage. Et c'est le triomphe du Christ pour son Église, triomphe qu'attend Pie IX, et qui justifiera la confiance de notre petit nombre.

Chantons un hymne au Seigneur ; chantons un nouveau cantique à la louange de notre Dieu : Adonaï, vous êtes grand ! Seigneur, vous vous signalez par votre puissance, personne ne peut vous vaincre. Que toute créature s'incline ; vous avez parlé, tout a été fait ; vous avez envoyé votre Esprit, tout a été créé ; nul ne résiste à votre voix. LES MONTAGNES SERONT ÉBRANLÉES AVEC LES EAUX, sur lesquelles elles reposent, (Ps. 23), et LES PIERRES FONDRONT COMME LA CIRE en votre présence. Mais ceux qui vous craignent seront très-grands devant vous en toutes choses. *(Système du Monde d'après Moïse, 353.)*

FIN.

UN MOT

SUR

LA CHIMIE.

Nous avons dit, page 64 de cet écrit, que nous avions vu le fer en formation, le fer que la chimie énumère parmi les corps simples. Nous assistons tous les jours à la trempe du fer dans l'eau pour former l'acier, comme aussi primordialement au dégagement des parties hétérogènes dans la fonte sous les marteaux des hauts-fourneaux, pour obtenir le fer. Nous avons remarqué, page 11, comment la pétrification s'était faite instantanément par le flux et reflux de la mer sur une motte de terre empruntée au rivage. On pourrait observer, de même, que les différents métaux forment leurs filons dans les fissures des montagnes crevassées par les volcans éteints. Nous pourrions, par conséquent, conclure de même de tous les autres métaux corps simples, et les voir se former de la terre, le soufre surtout.

Le point de comparaison de la science pour toutes sortes de composés ou de mélanges, est l'oxygène, le feu qui se trouve dans tous les corps dans différentes proportions, à l'état de calorique ou latent. « Les composés oxygénés se partagent en deux grandes branches, *les acides et les oxydes.* Les acides ont une saveur aigre, les oxydes ont une saveur âcre et caustique. » Ce sont des sels dont la seule différence est de changer ou de rétablir la teinture de tournesol. Ce sont des sels qui, selon la parole de l'Evangile, relient tous les éléments : *Omnis igne salietur, et omnis victima sale salietur*. (Saint Marc, IX, 48.) *Car le feu est pour toute victime comme un sel qui ne peut lui-même s'assaisonner : quod si sal evanuerit, in quo condietur*. (Ibid., 49) (1).

On retrouve ainsi les quatre éléments des anciens : le feu par l'oxygène, que l'on a partout; l'air par l'azote mêlé à l'oxygène; l'eau par l'hydrogène mêlé à l'oxygène, et la terre en décomposition ou recomposition multiple, ou mélange plus multiple encore. Le diamant même, ce corps le plus dur, le diamant qui n'est autre que le carbone pur, dont les parties, primitivement végétales, comme les silex de troncs et de branches d'arbres, ont été resserrées et subitement trempées dans les eaux salées du déluge.

Et à l'appui de ces idées, se rapporterait en partie l'opinion d'un savant anglais, Priestler, qui, dans un livre récemment édité, ramène tous les éléments à l'hydrogène !

---

(1) Oh ! que nous sommes déchus ! Non-seulement à cause de la fermentation des aliments que Noé avait été obligé d'employer après le déluge, mais à cause de toutes ces recherches d'eau-de-vie, de café, de liqueurs, de tabac, qui allument par tous les pores l'incendie, lequel fomente parfois les passions ; ne dirait-on pas que le siècle veut faire l'apprentissage *du sel qui va consumer la victime comme par le feu ?*

Troisième édition in-18, avec les notes destinées aux mères de familles. . . . . 2 fr.

Sixième édition in-18, sans notes, pour les écoles. Broché 75 c., cartonné 90 c.

Édition grecque, approuvée par Mgr l'Archevêque de Paris, publiée par J. Delalain.

Deuxième édition, illustrée de 34 gravures sur acier, publiée par Furne.

4° **La Perfection chrétienne d'après l'Imitation de Jésus-Christ**, contenant l'analyse de l'Imitation et 500 méditations sur chaque nombre, avec l'application des textes de l'Ecriture qui s'y rapportent, et aussi des passages du P. Rodriguez, de Bossuet (Élévations et Aspirations), de Fénelon, de sainte Thérèse, etc., dans l'ordre des trois degrés de la vie spirituelle et intérieure. . . . . . 5 fr.

5° **Le Système du monde d'après Moïse**, précédé d'une chronologie et de recherches sur la question de la Pâque. (*Hic*). . . . . 6 fr.

6° **Le Livre d'or**, présenté sous un nouveau jour, avec l'analyse par chapitres. . . . . 1 fr.

7° **Sainte Hildegarde**, *Scivias Domini*, ses vingt-sept visions interprétées, petit format in-32. . . . 1 fr. 75

8° **L'Excellence de la Religion**, par le cardinal de la Luzerne, avec l'analyse de son discours, et traduction des notes à l'appui, tirée de l'Écriture sainte et des Pères. Adaptées à l'*Evangile dans son unité*. (A éditer par souscription, prix : 3 fr. 50).

9° **Traduction de sainte Elisabeth**, abbesse de Schonaugie, pour faire suite à sainte Hildegarde (Inédite).

10° **Traduction des interprétations par sainte Hildegarde**, de ses visions (Inédite).

11° **Traduction de Tacite. Vie d'Agricola.** . 1 fr.

12° **Le Cataclysme**, annoncé par les Apparitions de la Vierge en France, et le **Mois du Sacré-Cœur**, préparé par le Mois de Marie. . . . . 2 fr.

13° **Vie de Jeanne d'Arc**, par A. Guillemin, grand in-8° jésus, avec illustrations de Pauquet. . . . . 7 fr.